123 Number Tracing Workbook

For Pre-K through 2nd Grade

by

BethBirdBooks

Copyright © 2020
All rights reserved.

This Book Belongs To

_____

_____

28 28 28 28

48 48 48 48

54 54 54 54

82 82 82 82

0 1 2 3 4 5 6
7 8 9 10 11 12
13 14 15 16 17
18 19 20 21 22
23 24 25 26
27 28 29 30
31 32 33 34
35 36 37 38
39 40 41 42
43 44 45 46

47 48 49 50
51 52 53 54
55 56 57 58
59 60 61 62
63 64 65 66
67 68 69 70
71 72 73 74
75 76 77 78
79 80 81 82
83 84 85 86

87 88 89 90
91 92 93 94
95 96 97 98
99 100
10 20 30
40 50 60
70 80 90 100
100 200 300
400 500 600
700 800 900

1000 1000

0 ZERO

5 FIVE

10 TEN

www.ingramcontent.com/pod-product-compliance
Lightning Source LLC
Chambersburg PA
CBHW080501220526
45465CB00006B/2334